BEI GRIN MACHT SICH IHR WISSEN BEZAHLT

- Wir veröffentlichen Ihre Hausarbeit, Bachelor- und Masterarbeit

- Ihr eigenes eBook und Buch - weltweit in allen wichtigen Shops

- Verdienen Sie an jedem Verkauf

Jetzt bei www.GRIN.com hochladen und kostenlos publizieren

Peter Latzke

Schwarzes Gold: Grundlagen der ökonomischen Entwicklung der VAE, insbesondere von Dubai

GRIN Verlag

Bibliografische Information der Deutschen Nationalbibliothek:

Die Deutsche Bibliothek verzeichnet diese Publikation in der Deutschen National-
bibliografie; detaillierte bibliografische Daten sind im Internet über http://dnb.d-
nb.de/ abrufbar.

Impressum:

Copyright © 2007 GRIN Verlag GmbH
Druck und Bindung: Books on Demand GmbH, Norderstedt Germany
ISBN: 978-3-640-16404-2

Dieses Buch bei GRIN:

http://www.grin.com/de/e-book/114860/schwarzes-gold-grundlagen-der-oekono-
mischen-entwicklung-der-vae-insbesondere

GRIN - Your knowledge has value

Der GRIN Verlag publiziert seit 1998 wissenschaftliche Arbeiten von Studenten, Hochschullehrern und anderen Akademikern als eBook und gedrucktes Buch. Die Verlagswebsite www.grin.com ist die ideale Plattform zur Veröffentlichung von Hausarbeiten, Abschlussarbeiten, wissenschaftlichen Aufsätzen, Dissertationen und Fachbüchern.

Besuchen Sie uns im Internet:

http://www.grin.com/

http://www.facebook.com/grincom

http://www.twitter.com/grin_com

Universität Eichstätt - Ingolstadt
Mathematisch-Geographische Fakultät
Lehrstuhl für Kulturgeographie

Exkursionsvorbereitung: Dubai

Abgabetermin: 09.02.07

**KATHOLISCHE
UNIVERSITÄT**

**EICHSTÄTT
INGOLSTADT**

Schwarzes Gold:
Grundlagen der ökonomischen Entwicklung der VAE, insbesondere von Dubai

Peter Latzke, 7. Fachsemester Diplomgeographie, BWL, Journalistik

2

Inhalt:

1. Einleitung:

Erdöl. Der ökonomische Nenner unserer Gesellschaft. Der Stuhl auf dem Sie sitzen, der Strom für Ihre Schreibtischlampe, das Gehäuse Ihres Rechners, der Dünger für Ihren Garten, die Farbe an Ihren Wänden – alles beruht auf Öl. Es ist der vielseitige Grundstoff unseres Wohlstandes. Und vor allem unserer Mobilität: 60 % des weltweit geförderten Öls geht in den Tank von PKWs, Urlaubsfliegern, Containerschiffen, LKWs und Güterzügen usw. Erdöl hat mengenmäßig den größten Anteil aller Welthandelsgüter (vgl. Gabriel 2001, S. 7) und von den zwölf größten Industriekonzernen Weltweit sind sechs Öl-Multis: Exxon, Royal Dutch Shell, BP, Total, Chevron Texaco, Conoco Phillips. Exxon hat für das letzte Jahr den höchsten Gewinn der US Geschichte ausgewiesen: fast 40 Mrd US$ (vgl. www.N24.de). Bis auf den Mischkonzern General Electric gehören alle weiteren unter diesen 12 Unternehmen zur Automobilbranche und sind mithin auch vom Öl abhängig (vgl. Kreutzmann 2006, S. 10). Öl ist der elementare Grundstoff unseres Wohlstandes - und es ist endlich. Wie lange noch wie viel Öl zur Verfügung stehen wird, weiß keiner so genau, und am allerwenigsten die breite Öffentlichkeit. Schließlich wäre eine kollektive Suche nach Alternativen zu der knappen Ressource weder im Interesse der besagten zwölf größten Industriekonzerne der Welt, noch in dem der ölexportierenden Länder, die auch satte Gewinne einfahren. Die größten noch zu erwartenden Reserven liegen in der so genannten Golfprovinz - 8 Staaten des Mittleren Ostens - weshalb diese geopolitisch zunehmend in den Fokus rücken.

Diese politische Dimension unter besonderer Berücksichtigung der VAE kann und soll der vorliegende Aufsatz nicht erschöpfend behandeln, wenngleich sie immer wieder einfließen wird. Stattdessen soll er die Emirate in den globalen ölwirtschaftlichen Kontext einordnen und daraus die Rolle des Öls für die nationale Wirtschaft ableiten. Dazu wird zunächst der globale Bedarf an Öl und die weltweiten Reserven beleuchtet. Es wird deutlich werden, dass die Golfregion eine besondere Rolle in der Ölfrage einnimmt. Anschließend wird in einem kurzen Abriss die Geschichte der Ölwirtschaft von Dubai und ihre Bedeutung für die wirtschaftliche Entwicklung bis in die heutige Zeit dargestellt. Abschließend wird Dubai als Wirtschaftsstandort in den gesamtregionalen Kontext gesetzt werden.

2.   Die Golfprovinz

2.1   Kurzübersicht über die Geschichte der Ölförderung in der Golfregion

Die Golfregion ist die Ölreichste Region der Erde. Gabriel bezeichnet diese Region auch als Golfprovinz. Ölprovinz ist ein Fachterminus der Ölbranche und meint ein Gebiet mit besonders ergiebigen Ölreserven (vgl. Gabriel, 2001, 2004). Unter Golfprovinz sind die Staaten rund um den persisch-arabischen Golf zu verstehen. Namentlich sind das Oman, die VAE, Saudi Arabien, Katar, Irak, Kuwait, Iran und Syrien. Im Folgenden wird der Begriff Golfprovinz der Definition von Gabriel entsprechend eingesetzt.

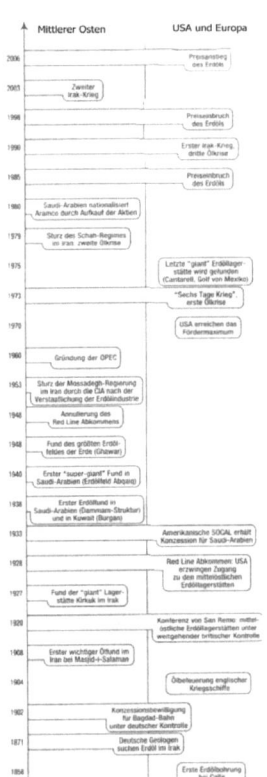

Abb. 1: historische Entwicklung der Erdölwirtschaft im mittleren Osten
Quelle: Bitzer, 2006 S. 23

Zu Anfang des 20. Jahrhunderts wurde die zunehmende Wichtigkeit der Ressource Öl in den damals führenden Kolonialstaaten deutlich. Nur waren die damaligen Kolonialmächte, hauptsächlich Großbritannien, das Deutsche Reich und Frankreich, selbst nicht im Besitz von Öl. Vor dem Hintergrund der Kolonialisierungspolitik der genannten Länder entbrannte mit dem ersten Ölfund im Nahen Osten, genauer gesagt im heutigen Iran, der Wettlauf um die reichen Ölvorkommen der Region. Schon nach dem Ersten Weltkrieg war der Rest des ehemaligen Osmanischen Reichs unter Frankreich und Großbritannien aufgeteilt worden. Im Sykes-Picot-Abkommen wurden die jeweiligen Einflusssphären festgelegt. Wenig später, 1928, traten im Red Line-Agreement noch amerikanische Ölkonzerne auf den Plan: Die Ölkonzerne der verschiedenen Nationen gaben sich das Versprechen, bei der Konzessionsvergabe für die Förderrechte der zu erwatenden Ölvorkommen gegenseitige Konkurrenz zu vermeiden. Praktisch war nach 1928 das Schwarze Gold des Nahen Ostens unter den westlichen Großmächten aufgeteilt. Zwar lag die Vergabe der Förderungskonzessionen in den Händen der Golfanrainer, die als monetäre Kompensationsleistungen sog. „Royalties" erhielten, jedoch war die ökonomische Macht der Ölkonzerne, die oftmals im geopolitischen Interesse ihrer Mutterländer agierten, so erdrückend, das die eigentlichen Förderländer rechtlos waren (vgl. Abb. 1).

Die ungleichen Profitbedingungen riefen nach dem zweiten Weltkrieg zunehmend Widerstand bei den arabischen und persischen Machthabern hervor. So versuchten Sie, die eigene Teilhabe an den Rohstoffvorkommen auf eine neue Grundlage zu stellen. Während in den arabischen Staaten zur Beruhigung die Royalties angehoben wurden, kam es in Iran zu einem Politikwechsel. Der damals amtierende Ministerpräsident, Mossadegh verstaatlichte 1951 die im Lande agierenden Ölkonzerne. Der darauf folgende Boykott iranischen Öls durch die westlichen Abnehmer blieb folgenlos, so dass 1953 die CIA den Sturz des iranischen Regimes auslöste. Für die USA war das ein Glücksfall: die Förderkonzessionen hatten vor der Enteignung in Persien in britischen Händen gelegen, doch nun erhielten amerikanische Konzerne ein Mitspracherecht bei der Konzessionsvergabe. (Kreutzmann 2005, S. 5 ff.) Damit war die postkoloniale Praxis des „Teile und Herrsche" durch die Ölkonzerne zunächst gefestigt.

2.2 Die OPEC und die politische Dimension des Erdöls

Mit dem Ziel, die Vormachtstellung der Konzerne zu Gunsten der Förderländer zu brechen, wurde 1960 die OPEC (Organisation of Petroleum Exporting Countries) gegründet. Ein Kartell, welches die Interessen der Förderländer formulieren, bündeln und gegen die Ölkonzerne durchsetzen sollte. Zunächst bürdete die OPEC den Ölkonzernen eine Steuer für jedes geförderte Barrel auf, welche angesichts des wachsenden Marktes auch ziemlich schmerzlos zu verkraften war. Jedoch war der Preis für Öl so niedrig, dass zusätzliche Gewinne nur aus einer Preissteigerung für Rohöl ergehen konnten. Nach anfänglichen Fehlversuchen zu einer Preisabsprache innerhalb der OPEC zu kommen – die künstliche Verknappung des Gutes Öl war immer wieder an Egoismen der einzelnen Staaten gescheitert - kam 1970 der Wendepunkt: Weltweit stieg durch die anziehende Konjunktur der Ölbedarf. Zusätzlich waren die USA am Fördermaximum angekommen, von jetzt an würde der Importbedarf der USA stetig steigen. Vor diesem Hintergrund gelang zunächst Libyen, dann auch den Golfstaaten eine Teuerung des Erdöls durchzusetzen (vgl. Abb 2, folgende Seite). Daneben versuchten die OPEC-Staaten eigene Beteiligungen an den Ölfördergesellschaften zu erringen – mit Erfolg. 1972 handelte der arabische Ölminister mit ARAMCO, der Konzessionsgesellschaft der großen US-Ölkonzerne in Arabien, eine Minderheitsbeteiligung aus, die faktisch ab1978 eine Mehrheitsbeteiligung war. Der Vorgang in Saudi-Arabien war ein Präzedenzfall. Ab jetzt stieg der Einfluss der Förderländer auf die Ölkonzessionsgesellschaften stetig.

Damit stiegen nicht nur die Einnahmen der Förderländer, sondern auch ihr politisches Gewicht. Dieses setzten die Förderländer nun ein. Als im Oktober 1973 der israelisch-arabische Krieg ausbrach, entschlossen sich Saudi-Arabien und Ägypten zu einer koordinierten

Produktionssenkung bzw. zu einem Ölembargo gegen den Größten Verbündeten von Israel und gleichzeitig größten Abnehmer von Erdöl: Die USA. Die „Ölwaffe" zeigte den Industriestaaten ihre Abhängigkeit von der Energiequelle auf. In der Folge stieg der Ölpreis je nach Sorte und Handelsort zwischen 70% und 130%. Damit war die OPEC als mächtiger Interessenverbund der Ölförderer etabliert und die Industriestaaten erkannten ihrerseits einen Handlungsbedarf sich als Abnehmer zu organisieren. Sie gründeten die IEA (International Energy Agency) als Gegenpol der OPEC. Damit war Öl außer Treibstoff für Autos und Fabriken endgültig auch offizieller Gegenstand der politischen Rahmenbedingungen der Welt geworden (vgl. Maull 1982, S. 6 ff).

2.3   Eingliederung der Golfprovinz in globale Ölwirtschaft

Das politische Gewicht von Öl spiegelt sich teilweise im Preis wieder. Der Ölpreis ist, wie aus der beschriebenen Ölkrise hervorgeht, mitnichten eine Funktion von Angebot und Nachfrage. Abbildung 2 zeigt den Einfluss politischer Ereignisse auf den Ölpreis.

Hierin ist nicht die letzte Entwicklung aufgeführt, in der der Ölpreis im Mai 2008 (vorläufig) seinen historischen Höchststand von 128,5 US$ erreichte. In diesem hohen Preis spiegelt sich neben der politisch unsicheren Lage im Irak und Iran und Spekulationen am Ölmarkt endlich auch die Erkenntnis der Endlichkeit der Ressource Erdöl wider.

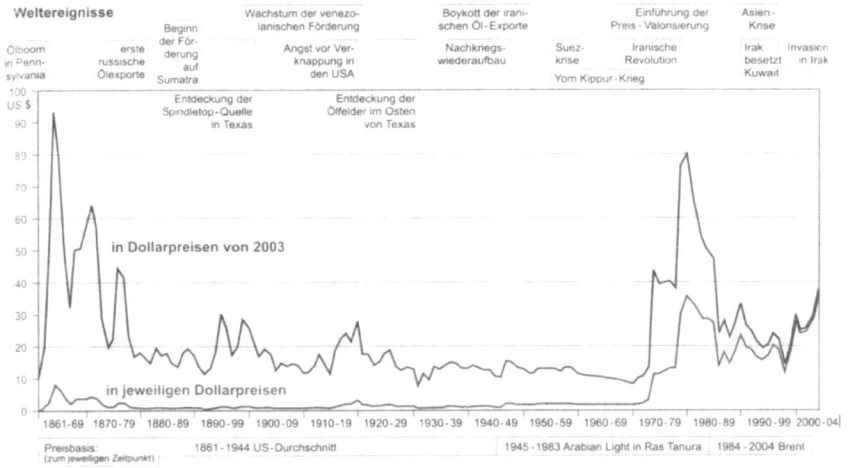

Abb. 2: Ölpreisentwicklung von 1861 bis 2004 Quelle: Kreutzmann, 2005 S. 7

Abb.3: Die größten Ölverbraucher; Quelle: BP Statistical Review of World Energy 2006

Staat	Anteil am Weltverbrauch (2005)	Pro Kopf
Nordamerika	**29,5 %**	
Davon die USA	24,6 %	3233 kg/a
Eurasien (inklusive Russische Föderation)	**25,1 %**	
Davon Deutschland und Russland	3,2 % + 3,4 % = 6,6 %	1601 kg/a; 753 kg/a
Asiatisch pazifischer Raum	**29,1 %**	
Davon China und Japan	8,5% + 6,4% = 14,9 %	172 kg/a; 2016 kg/a
Afrika, Südamerika, Naher Osten	**16,3 %**	

Abbildung 3 zeigt die größten Ölverbraucher. Die angegebenen Zahlen sagen nichts über die Verwendung des Öls aus, doch wird deutlich dass fünf Staaten zusammen fast die Hälfte der Jahresförderung verbrauchen. Der Pro-Kopf-Verbrauch in den USA impliziert die verschwenderische Haltung der US-Gesellschaft gegenüber nicht erneuerbaren Energien. Zukünftig ist davon auszugehen, dass die aufstrebenden Industrien in China und Indien den Bedarf an Öl weltweit stark steigern werden. Die IAE geht davon aus, dass bei einem jährlichen globalen Wirtschaftswachstum von 2% der Bedarf an Öl bis 2025 um fast 60% steigt. Zu dieser Zeit wird Öl zusammen mit Gas geschätzt 65 % des weltweiten Energiebedarfs decken. Und weil keine andere Energiequelle das zu ersetzen vermag, ist das Wohl der Weltwirtschaft von der Fähigkeit abhängig, immer mehr der fossilen Brennstoffe zu fördern (vgl. Klare 2006, S. 5).

Wie viel Öl ist denn noch vorhanden? Zunächst einmal bestehen die Ölvorräte aus schon gefundenem und noch zu findendem ÖL. Zusätzlich wird auch der technische Fortschritt mit einberechnet, was automatisch zu einem besseren Entölungsgrad der Lagerstätten führt. Mit anderen Worten: die Reserven steigen rein statistisch ständig. Die Frage ist, ob sie so schnell steigen, wie der Verbrauch. Die Schätzungen der auf der Erde förderbaren Menge von Rohöl beruhen auf unterschiedlichen Schätzungsverfahren, auf die hier nicht weiter eingegangen wird. Die ASPO (Association for the Study of Peak Oil and Gas) geht von einem Gesamtölbestand von 1850 Mrd. Barrel (1 Barrel = 159 l) aus, von denen schon die Hälfte (= 944 Mrd. Barrel) gefördert wurde, 764 Mrd. bereits entdeckt sind und gefördert werden können und weiter 142 noch zu entdecken sind. Schätzungen des staatsnahen USGS-Instituts (United States Geological Survey) gehen von über 3000 Mrd. Barrel aus. Die hohe Schätzung des US Instituts basiert auf einer optimistischeren Schätzung für Neufunde. Sie wird jedoch wegen methodischer Unzulänglichkeiten weithin als zu optimistisch eingeschätzt (vgl. Bitzer 2006, S. 23).

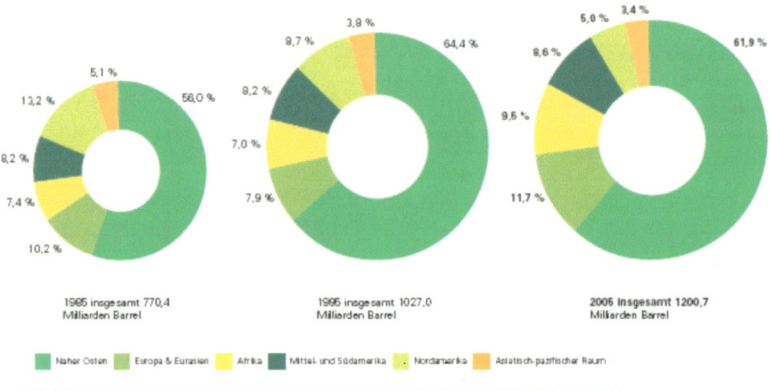

Abb.4: Verteilung der nachgewiesenen Reserven; Quelle: BP Statistical Review of World Energy 2006

Die weitaus größten Reserven liegen in der Eingangs beschriebenen Golfprovinz. Ca. zwei Drittel der gesamten Weltreserven lagern in dieser Region (vgl. Abb. 4). Zusätzlich werden ca. 30% des Weltbedarfs hier gefördert. Der Eigenbedarf der Region ist sehr gering, weshalb der Großteil der Produktion exportiert werden kann. Die ungewöhnlich günstigen Lagerstättenbedingungen sind ein weiterer Vorteil der Golfprovinz. Nach Schätzungen belaufen sich die Förderkosten auf 2 US$ pro Barrel. Zum Vergleich: in Russland liegen sie bei 6, in Afrika bei 7 und in Europa bei 9 US$ pro Barrel (vgl. Gabriel 2004, S.309).

Die Erwartete Lebensdauer der Reserven ist in den Ländern der Golfprovinz sehr unterschiedlich, (vgl. Abb. 5), aber im Schnitt weit über dem der gesamten Welt. Für die VAE ergibt sich aus der Tonnage etwas mehr als 97 Mrd. Barrel. Gegenwärtig liegt die Produktion bei 2,9 Mio. Barrel/Tag, soll aber bis 2015 auf 3,5 Mio. Barrel/ Tag gesteigert werden. Diese Schätzung berücksichtigt jedoch nicht, dass für 2008 das Fördermaximum erwartet wird. Von da an ist zu erwarten, dass die Produktion nur mit sehr großem Aufwand weiter gesteigert werden kann (vgl. Bitzer

Staat	Erdöl Produktion [Mio. t][1]	Reserven [Mio. t][1]	hypothetische Lebensdauer [Jahre]
Bahrain	5	22	5
Irak	104[5]	15203	146
Iran	177	12122	69
Kuwait	102	13040	128
Oman	44	714	16
Katar	33	500	16
Saudi-Arabien	411	35338	86
VAE	112	13216	118
Insgesamt	988	90155	91
Erde	3270	139821	43

Umrechnung: 7,4 Fass = 1 t

Abb.5: Absolute Reserven und deren Lebensdauer ; Quelle: Schliephake 2001, S145

2006, S. 26). Dubai verfügt nach Abu Dhabi mit ca. 4 Mrd. Barrel über die zweitgrößten Ölreserven der VAE. Jährlich produziert es gut 100 Mio. Barrel, was eine rechnerische Lebenserwartung der Reserven von 40 Jahren ergibt (Oestreich und Schliephake 2005, S. 41).

3. Öl Grundlage der ökonomischen Entwicklung Dubais

3.1 Die Wirtschaftsentwicklung seit den ersten Ölfunden bis heute

Die erste größere Siedlung am Creek wird datiert auf die 1830er Jahre. Dubai war ein Fischerort, gegründet von Abkömmlingen eines Oasenstammes und angeführt von der Maktoum Familie, welche noch heute Dubai regiert. Die Haupterwerbsquelle war das Fischen, sowie die Schaf- und Ziegenzucht und das Perlentauchen. Schon in den 1870er Jahren War Dubai zum Hauptumschlagsplatz entlang der Golfküste avanciert, an dem zunehmend auch Gold und Edelsteine gehandelt wurden. Trotzdem waren die Perlen das Kerngeschäft der Händler. Als in den 1940er Jahren japanische Zuchtperlen die natürlichen Perlen verdrängten, stagnierte der Handelsort in seiner Entwicklung (Dubai Business Handbook 2006, S.13)

Nachdem in den Nachbaremiraten bereits in den 1950er Jahren Öl gefunden wurde, dauerte es noch bis 1966 bis in Dubai das Schwarze Gold an die Oberfläche geholt werden konnte. Vor der Küste wurde das Feld Fateh gefunden (arab. für Fortune) und 1969 begann die Produktion. Weitere Offshorefelder kamen 1978 („Falah") und 1979 („SW Fateh")hinzu. 1980 begann die Suche nach Onshore-Feldern und 1982 wurde das erste Öl auf Land produziert. Obwohl sich die Infrastruktur Dubais schnell verbesserte, war das Erschließen der Ölfelder mit großem logistischem, personellem und finanziellem Aufwand verbunden.

Die „frischen" Petrodollars wurden einerseits für den Import der förderspezifischen Technologien aufgewandt, andererseits aber am Ort in ölverwandte Branchen investiert. Die gesamte Wirtschaft Dubais profitierte von zusätzlichen Aufträgen (vgl. Abb 6).

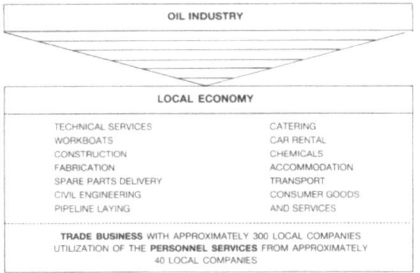

Abb.6: Einfluss der Ölindustrie auf die lokale Wirtschaft ; Quelle: Gabriel 1987, S. 172

Aus diesen ölverwandte Aktivitäten versucht die Dubai Chamber of Commerce eine Industrialisierung des Emirats abzuleiten. Dazu wurde ein Zweiphasen-Plan entwickelt. Im ersten Schritt sollten Produkte für den lokalen Endverbrauch hergestellt werden, wie Baumaterialien, Nahrungsmittelverarbeitung, Verpackungsfirmen usw. Die Industrien sollten wenig kapitalintensiv sein und ohne spezifisch ausgebildete Arbeiter die Arbeit aufnehmen. In der zweiten Phase wurde um einen neuen Hafen namens Jebel Ali eine Freihandelszone geschaffen. Der Hafen wurde 1976 begonnen und ist heute nach mehreren Ausbaustufen der größte künstliche Hafen der Welt. Bereits Anfang der

1980er Jahre war Dubai wieder einer der wichtigsten Warenumschlag-plätze am Golf (Gabriel 1987, S. 175).

Um den Hafen entwickelte sich eine Industriezone. Waren anfangs hauptsächlich Öllager hier installiert worden, entstanden 1977 zwei ehrgeizige Großprojekte. Zum einen wurde die DUGAS gegründet. Eine staatliche Erdgasverarbeitungsgesellschaft, die das „Abfallprodukt Erdgas", welches bei der Ölförderung anfiel, für den Transport aufbereitet. Ein zweites Projekt war die DUBAL. Die Gewinnung von Reinaluminium ist eine sehr kapital- und energieintensive Form der Verhüttung. Energie war das einzige, was am Standort Dubai in quasi unbegrenzter Menge zur Verfügung stand, und die Tonerde als Rohstoff konnte über den nahe gelegenen Hafen leicht antransportiert werden. 1979 startete die Produktion. 2004 exportierte das Werk in 50 Länder und generierte 7 % des dubaier BIP. An das Werk angeschlossen ist eine Meerwasser Entsalzungsanlage, die mit der Abwärme aus der Aluminiumproduktion betrieben wird. Auf diese Weise erzielen die Betreiber einen Wirkungsgrad von über70 % pro eingesetzter Energieeinheit (Gabriel 1987, S. 175; Scholz 2005, S. 13).

Neben der Bedeutung als Industriestandort ist der Hafen Startpunkt des Verkehrsnetzes. Während 1966 keine Straße in Dubai asphaltiert war, gab es bereits Mitte der 1980er keinen Fleck mehr im Emirat, der weiter als 7 Km von einer asphaltierten Straße entfernt war. Damit war Dubai nicht mehr allein auf die Seeverbindungen angewiesen. Heute parken LKWs aus den Levanten, Jordanien, Saudi-Arabien usw. an den Märkten beim Hamriya-Hafen.

Neben dem Landtransport wurde auch der Lufttransport vorangetrieben. Traditionell war Dubai ein Transitstop zwischen Südafrika und Australien gewesen, so dass schon vor den Ölfunden ein Flugfeld bestand. Mit den Petrodollars konnte nun auch der Ausbau zu einem Flughafen vorgenommen werden. 1985 wurde die Fluggesellschaft Emirates Airlines Gegründet und noch im gleichen Jahrzehnt wurde Dubai International Airport zum zweitgrößten Transitflughafen Weltweit (Gabriel 1987, S. 190f)

Die Ölfunde in der Region veränderten die wirtschaftliche Ausgangssituation aller Anrainer. In Dubai war der Umgang mit dem neugewonnenen Reichtum an offensichtliche Herausforderungen geknüpft: Ein kleines Land mit einer kleinen Population und einem kleinen Markt musste das zeitlich begrenzte ÖL-Geld möglichst effizient für die Postölära einsetzen. Frühzeitig entschied die Herrscherfamilie sich dafür, Dubai zu einem Verkehrs- und Dienstleistungsknotenpunkt auszubauen.

3.3 Der Beginn der Postölära

Die Anstrengungen fruchteten. Heute liegt der Anteil der Erdölexporte am BSP bei unter 6% und die Erdölindustrie ist auch nicht mehr der größte Arbeitgeber (vgl. Abb.7). Entsprechend den Anstrengungen liegt der größte teil des erwirtschafteten BSP in den Dienstleistungen, und da hauptsächlich im Handel (BSP 2006: 30, 151 Mrd. US$, Dubai Business Handbook). Entsprechend den wirtschaftlichen Umwälzungen ändert sich auch die Bauliche Struktur der Stadt, was sich in einem relativ hohe Anteil der Bauwirtschaft am BSP äußert. Dabei ist das Baugewerbe Arbeitgeber für den größten Teil der Menschen, was indirekt auf die Bedingungen unter denen die Bauarbeiter schaffen müssen schließen lässt: der Mechanisierungsgrad ist vermutlich nicht besonders hoch, was nur möglich ist, wenn menschliche Arbeit kostengünstig ist.

Vereinigte Arabische Emirate – Arbeitsplätze nach Wirtschaftsbereichen

Wirtschaftsbereiche	1985	1995	2003
Baugewerbe	112.599	253.794	476.611
Handel	73.216	183.092	337.344
Verteidigung/öffentl. Verwaltung	261.992	175.050	322.527
Produktion	50.479	143.618	264.614
Landwirtschaft	46.735	96.794	178.342
Transport und Telekommunikation	50.727	93.806	172.836
Öl- und Gasversorgung	13.919	30.342	55.905
Elektrizitäts- und Wasserversorgung	14.278	13.095	24.127

Anteile der einzelnen Wirtschaftssektoren am BSP Dubais (in %)

Jahr		1990	2002
Dienstleistungen		47,85	68,29
Produktion		52,15	31,71
davon:	Ölindustrie	32,42	5,37
	Industrie	9,35	15,99
	Bauindustrie	7,30	7,75
	Energiewirtschaft	2,45	1,67
	Sonstige	0,63	0,93

Abb. 7: Anteil ausgewählter Branchen an Arbeitsplätzen und BSP
Quelle: Oestreich/Schliephake 2005, S. 41

Doch Dubai versucht nicht nur aus eigener Kraft das Emirat zu gestalten: Verstärkt wird auf ausländische Investoren gesetzt. In den gesamten VAE sind in mehreren federal Laws die verheißungsvollen Rahmenbedingungen für ausländische Investoren festgelegt. Die rechtlichen Regelungen reichen von Steuerfreiheit, garantierten Eigentumsverhältnissen, staatlichen Kooperationen und Zuschüssen, bis zu einem Arbeitsrecht, welches Streiks verbietet. Außerdem stellt Dubai im technischen Bereich die Infrastruktur bereit, günstige Kredite und erlaubt kostenlose Gewinntransfers. Dubai soll ein regionales Zentrum von Weltbedeutung werden, mit allen Aspekten, die dazugehören(Scholz 2005, S. 16 f).

„Dubai has evolved as a regional business hub, offering international companies an ideal gateway for developing their business in the Middle-East, the Asian sub-continent, East-Afrika and the eastern Mediterranean. Its strategic gives companies the ability to target markets in a region of 1.8 billion people with a combined GDP of US$ 1.6 trillion." (Dubai Internet City, zitiert nach Scholz 2005 S. 17).

Die Maßnahmen, um diese Hub Position einzunehmen, finden ihre bauliche Entsprechung in verschiedenen neu errichteten Stadtvierteln, Verkehrsknotenpunkten und Dienstleistungs-zentren. In Dubai entstehen die größten künstlichen Inseln der Welt, das höchste Haus der Welt und das luxuriöseste Haus der. Es entsteht hier eine Media City: Ein Gewerbegebiet, welches die traditionellen Arabischen Medienstandorte in Ägypten und Libanon ablösen soll. Außerdem eine Internet City und die Silicon Oasis (in Anlehnung an das Silicon Valley), die in der IT-Branche eine führende Rolle einnehmen sollen. Im Dubai Healthcare Centre können Gesundheitstouristen sich mit den modernsten technischen Apparaturen kurieren lassen und anschließend im Dubai Indoor Mountain Resort mitten in der Wüste in einer Wintersporthalle Skifahren (Scholz 2005, S. 19 ff) Neben der Position als Warenum-schlagplatz und Freihandelszone, will Daubai sich auch als Finanzplatz etablieren. Hier ist die Konkurrenz jedoch groß. Noch gibt es im nahen und mittleren Osten kein „Singapur" oder „Hong Kong". Doch die Margen in der Branche sind groß und das Geschäft mithin attraktiv. Katar, Bahrain, Dubai und Saudi Arabien buhlen um den Status als Finanzplatz des Mittleren Ostens. In vielen Bereichen hat Dubai das Tempo vorgelegt, in diesem vielleicht wichtigsten Rennen ist noch alles offen (Euroweek 12/1/2006 S. 22).

4. Fazit

Die Rolle der Ölprovinz in der Weltwirtschaft dürfte angesichts der sich verknappenden Reserven deutlich geworden sein. Die Weltwirtschaft ist abhängig von den Reserven, die hier liegen und der Kampf um die letzten Reserven wird zusehends härter. Auch wenn die jüngere US-Außenpolitik der Bushadministration hier nicht angeschnitten wurde, ist die Vermutung, dass das verstärkte Engagement der USA in der Region, besonders unter Betrachtung des Irakkriegs der Sicherung der eigenen Ölinteressen gilt, nicht allzu gewagt.

Im Bezug auf die Weltölversorgung ist zu hoffen, dass aus dem Irakkrieg kein Flächenbrand wird, der die ganze Region destabilisieren könnte.

Ein Aspekt, der für Dubai elementar ist. Das Emirat ist nicht mehr abhängig von seinen Petrodollars. Der Umbau der Wirtschaft wurde mit großem Einsatz vorangetrieben, so dass das angestrebte Ziel ein Regionaler Hub von globaler Aktivität zu sein in greifbare Nähe rückt. Das Zitat eines Bankers „Dubai is certainly the only country in the world I can think of that is building an economy on the supply side and waiting for the demand to follow." (Euroweek 12/1/2006) unterstreicht den Nachdruck, mit dem die Herrscherfamilie Dubai zu einem weltweiten Handels/Forschungs/Dienstleistungszentrum umgestaltet.

Grundsätzlich ist die wirtschaftliche Emanzipation Dubais vom Erdöl genau so nötig wie begrüßenswert – und bisher ging die Rechnung auf. Doch bislang basierten die erzielten Erfolge auf dem erdölbedingten Reichtum des Emirats, seiner liberalen Wirtschaftspolitik und der stabilen inneren Sicherheit. Diese günstigen Rahmenbedingungen sind jedoch nicht so garantierbar wie steuerfreie Einkommen. Die Soziale Ungerechtigkeit zwischen den arbeitenden

Immigranten und den Finanziers des Aufschwungs ist gravierend und wird sich so schnell auch nicht ändern. Noch weitaus gravierender sind jedoch die äußeren Einflüsse auf die Stabilität einzuschätzen. Um die größten Ölreserven der Welt buhlen nicht nur die USA, sondern auch die Europäer, Russen und Chinesen. Und die Förderländer werden Ihre Interessen auch zu vertreten wissen.

6. Literaturverzeichnis:

Bitzer, Klaus (2006):
Erdölwirtschaft im Osten: Wie lange noch, in: Geographische Rundschau Band 58, Heft 11, S. 22 – 28

BP Statistical Review of World Energy 2006

Dubai Business Handbook 2006

Gabriel, Erhard(1987):
The Dubai Handbook, Ahrensburg

Gabriel, Erhard (2001):
Der Ölfleck auf dem Globus, in: Petermanns Geographische Mitteilungen, Band 145, Heft 2, S.6 - 27

Gabriel, Erhard (2004):
Das Schwarze Gold: die Ölprovinz Arabisch-Persischer Golf, in: Mayer, Günter (2004): Die Arabische Welt im Spiegel der Kulturgeographie – ein Beitrag zum Dialog der Kulturen, Mainz , S.308 - 325

Klare, Michael (2006):
Die Intensivierung des Weltweiten Kampfes um die Energieressourcen, in: Inamo, Heft Herbst 2006, S. 4 – 9

Kreutzmann, Hermann (2005):
Ölinteressen in der Region des Persischen Golfs, in: Geographische Rundschau, Bd. 57, Heft 11, S. 4 -11

Maull, Hans W. (1982):
Opec und der Ölmarkt, Reihe: Analyse aus der Abteilung Entwicklungsländerforschung, Freidrich Ebert Stiftung

Oestreich, Hans und Konrad Schliephake (2005):
Schwarzes Gold, Weißes Pulver und künstliche Welten – eine Analyse der wirtschaftlichen Entwicklung Dubais, in: Geographie Heute, Heft 227, S. 41 - 45

o.V. (2006):
Build it and they will come – hopefully, in: Euroweek 12/1/2006, Supplement, S. 20 - 22

Perthes, Volker (2004):
Bewgung im Mittleren Osten – Internationale Geopolitik und regionale Dynamiken nach dem Irak-Krieg, in: SWP-Studie, Deutsches Indstitut für Internationale Politik und Sicherheit, Berlin

Scholz, Fred (2005):
Die „kleinen" arabischen Golfstaaten im Globalisierungsprozess, in: Geographische Rundschau, Bd. 57, Heft 11, S. 12 - 20

Schliephake, Konrad (2001):

Naturressourcen der Golfanrainer, in: Petermanns Geographische Mitteilungen, Band 145, Heft 2, S.28 - 29

Internet:

„Exxon   Gewinn   beispiellos   in   der   US   Geschichte"
http://www.n24.de/wirtschaft_boerse/unternehmen/article.php?articleId=96039
eingesehen am: 01.02.2007